Lecture Notes in Mathematics

An informal series of special lectures, seminars and reports on mathematical topics

Edited by A. Dold, Heidelberg

1

John Wermer

Professor an der Brown University
Providence R.I.

Seminar über Funktionen-Algebren

Eidg. Technische Hochschule, Zürich
Forschungsinstitut für Mathematik

Winter-Semester 1963/64

1964

Springer-Verlag · Berlin · Göttingen · Heidelberg

Alle Rechte, insbesondere das der Übersetzung in fremde Sprachen, vorbehalten. Ohne ausdrückliche Genehmigung des Verlages ist es auch nicht gestattet, dieses Buch oder Teile daraus auf photomechanischem Wege (Photokopie, Mikrokopie) oder auf andere Art zu vervielfältigen. © by Springer-Verlag OHG/Berlin · Göttingen · Heidelberg 1964. Library of Congress Catalog Card Number 64—24569. Printed in Germany. Titel NR. 7321

Druck: Beltz, Weinheim

Vorwort:

Alle Hinweise auf Originalarbeiten, auf welche wir Bezug
nehmen, sind im letzten Paragraphen, § 9, zu finden.

Herr Professor Alfred Huber war so freundlich, das Deutsch
dieser Seminar-Berichte zu verbessern, und der Verfasser
möchte ihm dafür herzlich danken.

Der Verfasser ist Fellow der Alfred P. Sloan Foundation.

Anmerkung: Statt des nachstehenden Schriftzeichens für das
Doppel-S im Wort Maße verwenden wir die folgende
Schreibweise: Masse.

§ 1. Einführung.

Wir werden einige allgemeine Sätze über Dirichletsche Algebren beweisen und diese Sätze dann auf Probleme der komplexen Approximation in der Ebene anwenden.

Wir betrachten einen kompakten Hausdorffschen Raum X und auf X eine Menge A von stetigen komplexwertigen Funktionen, die folgenden Bedingungen genügt:

(1) A ist ein Algebra über $\mathbb{C}$, dem Körper der komplexen Zahlen.
(2) A ist abgeschlossen in Bezug auf die gleichmässige Konvergenz auf X.
(3) A enthält die Konstanten und separiert die Punkte von X.
(4) Für jedes stetige reelle U auf X und jedes $\varepsilon > 0$ existiert $h \in A$ so dass $|U - \text{Re } h| < \varepsilon$ auf X.

Man nennt dann A eine <u>Dirichletsche Algebra auf</u> X.

<u>Definition 1:</u> C(X) ist die Menge aller komplexwertigen stetigen Funktionen auf X.

<u>Definition 2:</u> C(X)* ist die Menge aller komplexwertigen Baireschen Masse auf X.

<u>Definition 3:</u> $A^\perp = \left\{ \mu \in C(X)^* \;\middle|\; \int f \mu = 0, \text{ alle } f \text{ in } A \right\}$.

$A^\perp$ ist also ein linearer Raum. Falls $\mu \in A^\perp$, sagen wir μ sei "<u>orthogonal zu</u> A".

<u>Definition 4:</u> $\mathfrak{M}(A) = \left\{ \lambda \in C(X)^* \;\middle|\; \lambda \geq 0, \int \lambda = 1, \int fg\, \lambda = \int f \lambda \cdot \int g \lambda, \text{ alle } f, g \in A \right\}$.

Falls $\lambda \in \mathcal{M}(A)$, sagen wir, λ sei "<u>multiplikativ</u> <u>auf</u> A". Für $x \in X$, bezeichnen wir mit λ_x die Punktmasse 1 in x. Natürlich gilt: $\lambda_x \in \mathcal{M}(A)$.

<u>Lemma 1:</u> Wenn $f \in A$, <u>ist auch</u> $\exp(f) \in A$.

<u>Beweis:</u> $\exp(f) = \sum_{n=0}^{\infty} \frac{1}{n!} f^n$. Die Reihe konvergiert gleichmässig auf X, und nach (1), (2), (3) gilt dann $\exp(f) \in A$.

<u>Definition 5:</u> $\lambda \in \mathcal{M}(A)$, $g \in A$.

$$\hat{g}(\lambda) = \int g \lambda$$

<u>Lemma 2:</u> Es sei $f \in A$, $g = \exp(f)$. Für $\lambda \in \mathcal{M}(A)$ gilt $\hat{g}(\lambda) = \exp(\hat{f}(\lambda))$.

<u>Beweis:</u> $\hat{g}(\lambda) = \int \left(\sum_{0}^{\infty} \frac{1}{n!} f^n \right) \lambda = \sum_{0}^{\infty} \frac{1}{n!} \int f^n \lambda = \sum_{0}^{\infty} \frac{1}{n!} (\int f \lambda)^n = \exp(\hat{f}(\lambda))$.

Im folgenden werden wir die Beziehungen zwischen multiplikativen und orthogonalen Massen untersuchen.

Wir bemerken, dass aus $\lambda \in \mathcal{M}(A)$, $f \in A$ und $\hat{f}(\lambda) = 0$ folgt: $f\lambda \in A^{\perp}$. Denn, für $g \in A$ gilt:

$$\int g f \lambda = \int g \lambda \cdot \int f \lambda = \hat{g}(\lambda) \cdot \hat{f}(\lambda) = 0.$$

Wir wollen noch eine Bemerkung machen. Für $\lambda \in \mathcal{M}(A)$ ist die Abbildung

$$m: f \rightarrow \int f \lambda, \quad f \in A,$$

offensichtlich ein Homomorphismus der Algebra A auf $\mathbb{C}$, und $m \neq 0$. Es sei umgekehrt m ein solcher Homomorphismus. <u>Dann gibt es ein eindeutig bestimmtes</u> $\lambda \in \mathcal{M}(A)$ <u>mit</u>

(*) $\quad m(f) = \int f \lambda$, alle $f \in A$.

Beweis: Man kann zeigen (was bei unseren Anwendungen evident sein wird), dass

$$|m(f)| \leq \max_{x \in X} |f(x)|.$$

Also ist m ein lineares Funktional auf dem Teilraum A des Banachschen Raumes C(X) mit Norm 1. Nach dem Hahn-Banachschen Satz und einem Satz von F. Riesz gibt es daher $\lambda \in C(X)^*$ für welches (*) gilt und das die totale Variation 1 hat. Da auch $1 = \int \lambda$, folgt $\lambda \geq 0$, und daher nach (*), $\lambda \in \mathfrak{M}(A)$.

Falls $\lambda_1, \lambda_2 \in \mathfrak{M}(A)$ und für beide (*) gilt, ist dann $\int f(\lambda_1 - \lambda_2) = 0$, alle $f \in A$, und daher auch $\int \text{Re } f (\lambda_1 - \lambda_2) = 0$, alle $f \in A$, und daher nach (4), $\lambda_1 - \lambda_2 = 0$. Also ist λ durch (*) eindeutig bestimmt.

§ 2. Lebesguesche Zerlegung von Massen aus $A^\perp$.

In diesem Abschnitt betrachten wir eine Dirichletsche Algebra A auf einem Raum X. Wir setzen $\mathcal{M} = \mathcal{M}(A)$ und fixieren $\lambda \in \mathcal{M}$.

Es sei S eine Menge in X der Form $S = \bigcup_{n=1}^{\infty} K_n$, K_n abgeschlossen, $K_n \subseteq K_{n+1}$, und $\lambda(S) = 0$.

Lemma 3: *Es existiert eine Folge* $\{g_n\}$ *in A so, dass*

(i) $\quad |g_n| \leq 1$ *auf* X, *alle* n.

(ii) $\quad g_n \to 1 \quad$ *f.ü.* $- d\lambda$.

(iii) $\quad g_n \to 0$ *überall auf* S.

Beweis: Da $\lambda(K_n) = 0$, können wir ein stetiges reelles u_n so wählen, dass

(5) $\quad u_n < 0$ auf X,

(6) $\quad u_n < -n$ auf K_n,

(7) $\quad \int u_n \lambda > -\frac{1}{n}$.

Wegen (4) existiert $f_n \in A$, dessen Realteil folgende Bedingungen erfüllt:

$$\operatorname{Re} f_n < u_n < 0, \text{ auf } X,$$

$$0 > \int \operatorname{Re} f_n \lambda > -\frac{1}{n}.$$

Da $f_n + ic_n \in A$ und $\operatorname{Re}(f_n + ic_n) = \operatorname{Re} f_n$ für eine beliebige reelle Konstante c_n, können wir ohne Verlust der Allgemeinheit annehmen, dass auch

(8) $\quad \int \operatorname{Im} f_n \lambda = 0.$

Wir setzen $g_n = \exp(f_n)$. Nach Lemmas 1 und 2 ist $g_n \in A$ und $\hat{g}_n(\lambda) = \exp(\hat{f}_n(\lambda))$. Dann folgt:

(9) $\quad |g_n| \leq 1$ auf X, und

(10) $\quad \hat{g}_n(\lambda) \to 1.$

Daher

$$0 \leq \int |g_n - 1|^2 \lambda = \int |g_n|^2 \lambda + \int 1 \lambda - 2 \operatorname{Re} \int g_n \lambda$$
$$\leq 2 \{1 - \operatorname{Re} \hat{g}_n(\lambda)\} \to 0.$$

Also $g_n \to 1$ in der $L^2(\lambda)$-Norm, und somit existiert eine Teilfolge g_{n_ν} mit $g_{n_\nu} \to 1$ f.ü.- $d\lambda$.

Endlich sei $x \in S$. Dann ist x in K_{n_0} für ein n_0 und so $x \in K_n$, $n \geq n_0$. Nach (5) und (6) gilt dann, für $n \geq n_0$:

$$|g_n(x)| < e^{u_n(x)} < e^{-n}$$

und somit $g_n(x) \to 0$.

Für die Folge $\{g_{n_\nu}\}$ ist jetzt alles bewiesen.

<u>Definition 6:</u> Für $\mu \in C(X)^*$ bezeichne μ_λ den absolut stetigen und μ'_λ den singulären Teil von μ in Bezug auf λ.

$$\mu = \mu_\lambda + \mu'_\lambda$$

ist also die Lebesguesche Zerlegung von μ.

Satz 1: <u>Falls $\mu \in A^\perp$, ist auch μ_λ in $A^\perp$, und deshalb auch $\mu'_\lambda \in A^\perp$.</u>

Beweis: Da μ'_λ in Bezug auf λ singulär ist, gibt es eine Menge S in X mit $\lambda(S) = 0$, so dass μ'_λ auf X-S identisch verschwindet. Wir können annehmen, dass $S = \bigcup K_n$, K_n abgeschlossen und $K_n \subseteq K_{n+1}$. Nach Lemma 3 existiert nun $\{g_n\}$ in A so, dass (i), (ii), (iii) erfüllt sind.

Es sei f in A. Dann gilt:

(11) $fg_n \to f$, f.ü. $d\lambda$,

(12) $fg_n \to 0$ überall auf S,

(13) $|fg_n| \leq K$ auf X, alle n, K eine Konstante.

Nach dem Lebesgueschen Konvergenzsatz folgt nun:

$$\int fg_n \mu_\lambda \to \int f \mu_\lambda, \quad \int fg_n \mu'_\lambda \to 0.$$

Da $fg_n \in A$ und $\mu \in A^\perp$ folgt:

$$0 = \lim_n \int fg_n \mu = \lim_n \int fg_n \mu_\lambda + \lim_n \int fg_n \mu'_\lambda = \int f \mu_\lambda.$$

Also $\mu_\lambda \in A^\perp$, w.z.b.w.

Korollar 1: <u>Falls $\mu \in A^\perp$, $x \in X$, dann ist</u> $\mu(\{x\}) = 0$.

Beweis: Wir zerlegen μ nach Definition 6 mit $\lambda = \lambda_x$ und erhalten:

$$\mu = k\lambda_x + \mu'_{\lambda_x},$$

wo k eine Konstante ist und $\mu'_{\lambda_x}(\{x\}) = 0$. Nach Satz 1 gilt dann: $k\lambda_x \in A^{\perp}$. Also

$$k = \int 1 \, k\lambda_x = 0.$$

Also $\mu = \mu'_{\lambda_x}$, und somit $\mu(\{x\}) = 0$.

<u>Korollar 2:</u> Es seien λ_1, λ_2 zwei Masse in $\mathcal{M}$. <u>Entweder sind λ_1, λ_2 absolut stetig in Bezug auf einander, oder λ_1, λ_2 sind singulär in Bezug aufeinander.</u>

Beweis: Wir nehmen an, dass sie nicht singulär sind. Wegen der Symmetrie genügt es zu zeigen, dass λ_2 absolut stetig ist in Bezug auf λ_1. Auf jeden Fall gilt für $\mu = \lambda_2$:

$$\mu = \mu_{\lambda_1} + \mu'_{\lambda_1},$$

und $\mu_{\lambda_1} \neq 0$. Da $\lambda_2 > 0$, ist $\mu_{\lambda_1} \geq 0$, $\mu'_{\lambda_1} \geq 0$.

Wir betrachten $f \in A$ mit $\hat{f}(\lambda_2) = 0$.

(14) $\quad f\lambda_2 = f\mu_{\lambda_1} + f\mu'_{\lambda_1}.$

Nun gilt $f\lambda_2 \in A^{\perp}$, und (14) ist die Lebesguesche Zerlegung von $f\lambda_2$ in Bezug auf λ_1. Nach Satz 1 folgt, dass $f\mu_{\lambda_1} \in A^{\perp}$.

Es sei jetzt $g \in A$. Dann gilt

$(g - \hat{g}(\lambda_2))\mu_{\lambda_1} \in A^{\perp}$, und somit

$$\int (g - \hat{g}(\lambda_2))\mu_{\lambda_1} = 0, \text{ oder, mit } c = \int \mu_{\lambda_1} \neq 0:$$

(15) $$\int g\{\mu_{\lambda_1} - c\lambda_2\} = 0.$$

Da (15) für jedes $g \in A$ gilt, und da $\mu_{\lambda_1} - c\lambda_2$ reell ist, folgt aus (4), dass $\mu_{\lambda_1} - c\lambda_2 = 0$. Also $\lambda_2 = \frac{1}{c}\mu_{\lambda_1}$, und somit ist λ_2 absolut stetig in Bezug auf λ_1. w.z.b.w.

<u>Korollar 3:</u> <u>Es sei μ in $C(X)^*$, μ singulär in Bezug auf λ, und $\int g\mu = 0$ für alle $g \in A$ mit $\hat{g}(\lambda) = 0$. Dann ist $\mu \in A^\perp$, also $\int 1\mu = 0$.</u>

<u>Beweis:</u> Wir setzen $c = \int \mu$, und

$$\nu = -c\lambda + \mu.$$

Für $f \in A$ gilt dann:

$$\int f\nu = -c\hat{f}(\lambda) + \int f\mu = \int (f - \hat{f}(\lambda))\mu = 0.$$

Also $\nu \in A^\perp$. Ferner ist $\nu'_\lambda = \mu$, da μ singulär ist. Nach Satz 1 ist also μ in $A^\perp$.

3.1

§ 3. Die Räume $H^p(\lambda)$.

Es seien A, X, λ wie im letzten Paragraphen definiert. $L^p(\lambda)$ bezeichne den mit dem Mass λ konstruierten, bekannten Lebesgueschen Raum, versehen mit der üblichen Metrik.

Definition 7: $H^p(\lambda)$ ist die abgeschlossene Hülle von A in $L^p(\lambda)$, $1 \leq p < \infty$.

Definition 8: $\widetilde{H}^\infty(\lambda)$ ist die Menge der in $H^2(\lambda)$ liegenden wesentlich beschränkten Funktionen.

Die Elemente von $H^p(\lambda)$, $1 \leq p < \infty$, sind also auf X f.ü.- $d\lambda$ definierte Funktionen, mit der üblichen Identifikation. $L^2(\lambda)$, mit dem Skalarprodukt

$$(f,g) = \int f\bar{g}\,\lambda,$$

ist Hilbertscher Raum. Wir setzen:

$$H_o^2(\lambda) = \left\{ f \in H^2(\lambda) \,\Big|\, \int f\lambda = 0 \right\}, \text{ wobei}$$

$$\overline{H}_o^2(\lambda) = \left\{ \bar{g} \,\big|\, g \in H_o^2(\lambda) \right\}.$$

Lemma 4: $L^2(\lambda) = H^2(\lambda) \oplus \overline{H}_o^2(\lambda)$, _im Sinne der orthogonalen Zerlegung eines Hilbertschen Raumes._

Beweis: Für $f \in A$, $g \in A$ und $\int g\lambda = 0$, gilt $(f,\bar{g}) = \int fg\,\lambda = 0$.

Durch Grenzübergang folgt die Orthogonalität von $H^2(\lambda)$ und $\overline{H}_o^2(\lambda)$. Falls $k \in L^2(\lambda)$, $k \perp H^2(\lambda) \oplus \overline{H}_o^2(\lambda)$, gilt

$$\int f\bar{k}\,\lambda = 0, \ f \in A, \text{ und}$$

$$\int f\bar{\bar{k}}\,\lambda = 0, \ f \in A \text{ und } \int f\lambda = 0.$$

Daher
$$\int \mathrm{Re}\, f\, \bar{k}\, \lambda = 0, \text{ alle } f \in A$$

und somit $k = 0$ wegen (4). Also ist $L^2(\lambda) = H^2(\lambda) \oplus \overline{H}_o^2(\lambda)$.

Lemma 5: <u>Es sei h in</u> $H^\infty(\lambda)$ <u>mit</u> $|h| \leq 1$. <u>Dann existiert eine</u> <u>Folge</u> $\{h_n\} \in A$, <u>so dass</u>

(i) $\quad |h_n| \leq 1$, <u>alle</u> n,

(ii) $\quad h_n \to h$ f.ü.- dλ.

Beweis: Da $h \in H^2(\lambda)$, existiert $\{f_n\} \in A$ mit $\int |f_n - h|^2 \lambda \to 0$. Wir dürfen dann auch annehmen, dass $f_n \to h$ f.ü.- dλ. Wir setzen

$$E_n = \{x \in X \mid |f_n(x)| \geq 1\}.$$

E_n ist abgeschlossen in X. Wir definieren

$$b_n(x) = \begin{cases} \log |f_n(x)|, & x \in E_n \\ 0, & x \notin E_n. \end{cases}$$

Also $b_n \geq 0$ auf X, und b_n ist stetig auf X. Nach (4) gibt es $u_n + iv_n \in A$ mit

$$-b_n - \frac{1}{n} \leq u_n \leq -b_n \text{ auf X.}$$

Wir dürfen annehmen, dass $\int v_n \lambda = 0$. Wir setzen $g_n = \exp(u_n + iv_n)$. Dann ist $g_n \in A$, und

(16) $\quad \hat{g}_n(\lambda) = \exp\left\{\int u_n \lambda\right\}$,

(17) $\quad |g_n(x)| \leq \exp(-\log|f_n(x)|) = |f_n(x)|^{-1}$, $x \in E_n$,

(18) $\quad |g_n(x)| \leq 1$, $x \notin E_n$.

Ausserdem gilt:

(19) $\int u_n \lambda \geq \int \{-b_n - \frac{1}{n}\} \lambda = -\int b_n \lambda - \frac{1}{n} =$

$= -\int_{E_n} \log |f_n(x)| \lambda - \frac{1}{n}.$

Wir behaupten:

(20) $\int_{E_n} \log |f_n(x)| \lambda \to 0.$

Sei $\varepsilon > 0$ vorgegeben. Wir setzen

$$F_n = \{x \in X \mid |f_n(x)| \geq 1 + \varepsilon\}.$$

Da $f_n \to h$ f.ü.-dλ und $|h| \leq 1$, folgt, dass $\lambda(F_n) \to 0$.
Auf $E_n - F_n$ gilt:

$$\log |f_n| < \log(1 + \varepsilon).$$

$0 \leq \int_{E_n} \log |f_n| \lambda = \int_{E_n - F_n} \log |f_n| \lambda + \int_{F_n} \log |f_n| \lambda.$

Das erste Integral $\leq \log(1 + \varepsilon)$. Ferner

$\int_{F_n} \log |f_n| \lambda \leq \int_{F_n} |f_n| \lambda \leq \int_{F_n} |f_n - h| \lambda + \int_{F_n} |h| \lambda$

$\leq \left\{ \int |f_n - h|^2 \lambda \right\}^{1/2} + \lambda(F_n) < \varepsilon$ für $n > n(\varepsilon)$.

Also gilt (20). Ausserdem ist $u_n \leq 0$ auf X, und somit $\int u_n \lambda \leq 0$. Es folgt aus (19), dass $\int u_n \lambda \to 0$ und daher $\hat{g}_n(\lambda) \to 1$.

Wie im Beweis von Lemma 3 folgt nun aus $\hat{g}_n(\lambda) \to 1$ und (18), dass $g_{n_\nu}(x) \to 1$ f.ü.-dλ für eine Teilfolge $\{n_\nu\}$. Wir setzen

$$h_\nu = f_{n_\nu} \cdot g_{n_\nu}.$$

Dann ist $h_\nu \in A$, $h_\nu \to h$ f.ü.-$d\lambda$, und $|h_\nu(x)| \le 1$, alle
$x \in X$, wegen (17) und (18). Damit ist alles bewiesen.

Satz 2: Es sei $\mu \in A^\perp$, μ absolut stetig in Bezug auf λ.
Dann existiert $k \in H^1(\lambda)$ so, dass $\mu = k\lambda$ (und somit $\int k\lambda = 0$).

Beweis: Nach dem Satz von Radon-Nikodym existiert k in $L^1(\lambda)$
mit $\mu = k\lambda$.

Nun ist $H^1(\lambda)$ ein abgeschlossener Teilraum von $L^1(\lambda)$.
Nach einem bekannten Satz von Banach liegt daher k in $H^1(\lambda)$
dann und nur dann, wenn jedes lineare Funktional auf $L^1(\lambda)$, das
auf $H^1(\lambda)$ verschwindet, auch auf k verschwindet. Ein lineares
Funktional auf $L^1(\lambda)$ ist gegeben durch eine wesentlich beschränkte
Funktion φ auf X. Das Funktional verschwindet auf $H^1(\lambda)$ gerade
dann, wenn

(21) $\quad \int f\varphi\lambda = 0$, alle $f \in H^1(\lambda)$.

(21) besagt, dass $(f, \overline{\varphi}) = 0$ in $L^2(\lambda)$ für alle $f \in A$. Also
steht $\overline{\varphi}$ orthogonal auf $H^2(\lambda)$ in $L^2(\lambda)$. Nach Lemma 4 folgt
daraus $\overline{\varphi} \in \widetilde{H}^2_0(\lambda)$, also $\varphi \in H^2(\lambda)$. Daher ist $\varphi \in H^\infty(\lambda)$.

Ohne Verlust an Allgemeinheit dürfen wir annehmen, dass
$|\varphi| \le 1$ ist. Dann existiert nach Lemma 5 eine Folge $\{h_n\} \in A$, $|h_n| \le 1$,
und $h_n \to \varphi$ f.ü.-$d\lambda$. Daher gilt

$$\int k\varphi\lambda = \lim_n \int kh_n\lambda = 0,$$

da $k\lambda = \mu \in A^\perp$. Also ist $k \in H^1(\lambda)$. Da $\int 1\mu = 0$, ist auch
$\int k\lambda = 0$. w.z.b.w.

§ 4. Eine Formel für Masse in $A^\perp$.

Es seien $A, X, \mathcal{M}$ wie oben definiert. Für $\lambda \in \partial \mathcal{M}$ bezeichnen wir mit $H_o^1(\lambda) = \left\{ k \in H^1(\lambda) \,\middle|\, \int k\lambda = 0 \right\}$.

Definition 9: Ein Mass $\sigma \in C(X)^*$ heisst <u>vollständig singulär</u>, wenn σ in Bezug auf jedes multiplikative Mass singulär ist.

<u>Satz 3:</u> Es sei $\mu \in A^\perp$. Dann <u>existiert eine höchstens abzählbare Menge</u> $\{\lambda_i\}$ <u>von multiplikativen Massen, für jedes i</u> <u>ein</u> k_i $\in H_o^1(\lambda_i)$, <u>und ein vollständig singuläres</u> $\sigma \in A^\perp$ <u>so, dass</u>

$$\mu = \sum_{i=1}^{\infty} k_i \lambda_i + \sigma,$$

<u>wobei die Reihe in totaler Variation konvergiert.</u>

Beweis: Für $\lambda, \lambda' \in \mathcal{M}$ schreiben wir $\lambda \sim \lambda'$ falls λ und λ' in Bezug auf einander absolut stetig sind, und wir schreiben $\lambda \not\sim \lambda'$ wenn dies nicht zutrifft. Nach Korollar 2 zu Satz 1 ist $\lambda \not\sim \lambda'$ equivalent mit der Singularität von λ und λ' in Bezug auf einander.

Die Beziehung $\sim$ ist eine Aequivalenzrelation auf $\mathcal{M}$. Wir nennen die dazu gehörenden Aequivalenzklassen kurz "Klassen". Es sei nun P eine Klasse und $\lambda, \lambda_1 \in P$. Dann gilt (siehe Definition 6):

(22) $\qquad \beta_\lambda = \beta_{\lambda_1}$ für jedes $\beta \in C(X)^*$.

Denn $\beta = \beta_{\lambda_1} + \beta'_{\lambda_1}$. Da β_{λ_1} absolut stetig ist in Bezug auf λ_1, ist es auch absolut stetig in Bezug auf λ, und da β'_{λ_1} singulär ist in Bezug auf λ_1, ist es auch singulär in Bezug auf λ. Daher gilt $\beta_{\lambda_1} = \beta_\lambda$, $\beta'_{\lambda_1} = \beta'_\lambda$, und so insbesondere (22).

Es sei nun Λ die Menge aller Klassen P mit $\mu_\lambda \neq 0$ für $\lambda \in P$. Wir betrachten $P_1,\ldots,P_k$ in Λ und wählen $\lambda_i \in P_i$. Wir setzen

$$\rho = \mu - \sum_{i=1}^{k} \mu_{\lambda_i}$$

Also $\rho = \mu'_{\lambda_1} - \sum_{i=2}^{k} \mu_{\lambda_i}$.

Da jedes Glied rechts auf λ_1 singulär ist, folgt, dass ρ auf λ_1 singulär ist. Aehnlich folgt, dass ρ auf $\lambda_2,\ldots,\lambda_k$ singulär ist. Also ist ρ auf $\sum_{i=1}^{k} \mu_{\lambda_i}$ singulär.

Für $\beta \in C(X)^*$, bezeichnen wir die totale Variation von β mit $\|\beta\|$. Falls β_1, β_2 singulär sind in Bezug auf einander, folgt $\|\beta_1 + \beta_2\| = \|\beta_1\| + \|\beta_2\|$. Nun ist

$$\mu = \rho + \sum_{i=1}^{k} \mu_{\lambda_i}.$$

Also gilt $\|\mu\| = \|\rho\| + \|\sum_{i=1}^{k} \mu_{\lambda_i}\|$.

Aber je zwei μ_{λ_i} sind auch auf einander singulär. Daher ist

$$\|\mu\| = \|\rho\| + \sum_{i=1}^{k} \|\mu_{\lambda_i}\|, \text{ und somit}$$

(23) $\sum_{i=1}^{k} \|\mu_{\lambda_i}\| \leq \|\mu\|$.

(23) gilt nun unabhängig von k und von der Wahl der Klassen P_i in Λ. Es folgt, dass Λ höchstens abzählbar unendlich ist, und dass, falls $\Lambda = \{P_i\}_i$ und $\lambda_i \in P_i$,

$$\sum_{i=1}^{\infty} \|\mu_{\lambda_i}\| \leq \|\mu\|.$$

Daraus schliessen wir, dass $\sum_{i=1}^{\infty} \mu_{\lambda_i}$ in totaler Variation konvergiert. Wir setzen

$$\sigma = \mu - \sum_{i=1}^{\infty} \mu_{\lambda_i}.$$

Da $\mu \in A^{\perp}$, ist nach Satz 1 auch für jedes i μ_{λ_i} in $A^{\perp}$. Also folgt $\sigma \in A^{\perp}$.

Es sei $\lambda^* \in \mathcal{M}$ und P* die Klasse der λ^* angehört. Falls P* $\in \Lambda$, gibt es ein ν mit P* = P_ν, und $\lambda^* \sim \lambda_\nu$. Also $\sigma_{\lambda^*} = \sigma_{\lambda_\nu} = \mu_{\lambda_\nu} - \mu_{\lambda_\nu} = 0$. Falls P* $\notin \Lambda$, ist $\mu_{\lambda^*} = 0$ und jedes μ_{λ_i} ist singulär auf λ^*. Also $\sigma_{\lambda^*} = 0$. Also ist σ vollständig singulär.

Endlich, da jedes $\mu_{\lambda_i} \in A^{\perp}$, folgt nach Satz 2 dass $\mu_{\lambda_i} = k_i \lambda_i$ wo $k_i \in H_o^1(\lambda_i)$. Damit ist der Satz bewiesen.

§ 5. Die Algebren P(X).

In diesem und den folgenden Paragraphen sei Y eine kompakte Menge in der z-Ebene und X der Rand von Y. Wir nehmen an:

(24)   Das Komplement Y' von Y ist zusammenhängend.

Dann gilt folgender Satz aus der Potentialtheorie:

Satz 4: <u>Jede auf X stetige reelle Funktion lässt sich gleichmässig auf X durch harmonische Polynome approximieren.</u>

Dabei verstehen wir unter einem "harmonischen Polynom" ein Polynom in x und y das eine harmonische Funktion ist, oder, was auf dasselbe herauskommt, den Realteil von einem Polynom in z. Wir werden Satz 4 hier nicht beweisen. Er wurde bewiesen in der Arbeit "<u>Ueber die Entwicklung einer harmonischen Funktion nach harmonischen Polynomen</u>", von J.L. Walsh, J. Reine Angew. Math. 159 (1928).

Definition 10: P(X) ist die Menge aller stetigen komplexwertigen Funktionen auf X, die sich gleichmässig auf X durch Polynome in z approximieren lassen.

Offenbar genügt P(X) den Bedingungen (1),(2),(3). Nach Satz 4 genügt er auch (4), und so ist P(X) Dirichletsche Algebra auf X. Eine auf X gleichmässig konvergierende Folge von Polynomen konvergiert nach dem Maximumprinzip gleichmässig auf ganz Y. Die Grenzfunktion ist somit in Y stetig und im Innern von Y analytisch.

5.2

Für jedes f in P(X) existiert daher eine auf Y stetige, im Innern von Y analytische Funktion F mit $F = f$ auf X. F ist offenbar durch f eindeutig bestimmt.

Es sei nun a in Y. Die Abbildung: $f \to F(a)$ ist ein Homomorphismus von A auf $\mathbb{C}$. Nach der Bemerkung am Ende des ersten Paragraphen existiert somit ein eindeutig bestimmtes λ_a in $\mathfrak{M} = \mathfrak{M}(P(X))$ mit

(25) $\quad F(a) = \int_X f \lambda_a.$

Sei umgekehrt $\lambda \in \mathfrak{M}$. Wir setzen $a = \int z \lambda$. Wäre $a \notin Y$, dann würde $(z-a)^{-1}$ in P(X) sein, wie man leicht zeigen kann. Da λ multiplikativ ist, gilt dann

$$0 = \int (z-a)^{-1} \lambda \cdot \int (z-a) \lambda = \int (z-a)^{-1} \cdot (z-a) \lambda = 1.$$

Daher ist $a \in Y$. Nun gilt

(26) $\quad P(a) = \int P(z) \lambda$

für jedes Polynom P.

Durch Grenzübergang erhält man aus (26), dass

(27) $\quad F(a) = \int f \lambda$, alle $f \in P(X)$.

Also schliessen wir, dass $\lambda = \lambda_a$. Die multiplikativen Masse für P(X) sind also genau die Masse λ_a mit a in Y.

<u>Satz 5:</u> <u>Es sei</u> $\sigma \in P(X)^{\perp}$ <u>und</u> σ <u>sei vollständig singulär</u> <u>(im Sinne von Definition 9) relativ zu P(X). Dann gilt:</u> $\sigma = 0$.

Zum Beweis benötigen wir ein Lemma über Masse in der Ebene.

Lemma 6: Es sei β ein komplexes Mass in der Ebene mit kompaktem Träger. Dann konvergiert das Integral

$$B(z) = \int \frac{\beta(t)}{t-z}$$

absolut f.ü.- dxdy. **Falls** $B(z) = 0$ f.ü.- dxdy, **dann ist** $\beta = 0$.

Beweis: Es sei $|\beta|$ die totale Variation von β. Wir wählen R so dass $|\beta| = 0$ ausserhalb $|t| < R$.

$$\iint_{|z|\leq R} \frac{dxdy}{|t-z|} = \iint_{|z'-t|\leq R} \frac{dx'dy'}{|z'|} \leq \iint_{|z'|\leq 2R} \frac{dx'dy'}{|z'|} = 4\pi R,$$

für $|t| \leq R$. Daher:

$$(28) \quad \iint_{|z|\leq R}\left\{\int \frac{|\beta|}{|t-z|}\right\}dxdy = \int_{|t|\leq R}|\beta|\iint_{|z|\leq R}\frac{dxdy}{|t-z|} \leq 4\pi R\int|\beta| < \infty.$$

Es folgt, dass $\int \frac{|\beta|}{|t-z|} < \infty$ f.ü.- dxdy. Wir nehmen nun an, dass $B(z) = 0$ f.ü.- dxdy.

Es sei g eine beliebige glatte Funktion in der Ebene mit kompaktem Träger. Wir nehmen K so gross, dass $g=0$ in $|\zeta| \geq K$. Dann gilt:

$$(29) \quad g(\zeta) = -\frac{1}{\pi}\iint_{|z|\leq K}\frac{g_{\bar{z}}\,dxdy}{z-\zeta}, \quad |\zeta| < K.$$

Betrachten wir nämlich das von den Kreisen $|z| = K$, $|z-\zeta| = \varepsilon$ begrenzte Gebiet G_ε, und darin das Differential $\frac{g\,dz}{z-\zeta}$. Dann ist $d\left(\frac{g\,dz}{z-\zeta}\right) = \frac{g_{\bar{z}}\,d\bar{z}\,dz}{z-\zeta}$, und daher gilt nach dem Stokes'schen Satz:

$$\iint_{C_\varepsilon} \frac{g_{\bar{z}} d\bar{z} dz}{z - \zeta} = -\int_{|z-\zeta|=\varepsilon} \frac{g dz}{z - \zeta},$$

da g auf $|z| = K$ verschwindet. Durch Grenzübergang $\varepsilon \to 0$ erhalten wir (29).

Für grosses K folgt dann

$$\int g(\zeta) \beta(\zeta) = -\frac{1}{\pi} \int \beta \left\{ \iint_{|z| \leq K} \frac{g_{\bar{z}} dxdy}{z - \zeta} \right\} =$$

$$- \frac{1}{\pi} \iint_{|z| \leq K} g_{\bar{z}} \left\{ \int \frac{\beta(\zeta)}{z - \zeta} \right\} dxdy = 0,$$

da $\beta(z) = 0$ f.ü.- dxdy.

Da g beliebig war, ist $\beta = 0$. w.z.b.w.

<u>Beweis von Satz 5:</u> Wir wählen z_o mit

$$\int \frac{|\sigma|}{|z - z_o|} < \infty.$$

Zuerst nehmen wir an, dass $z_o \in Y$. Dann existiert $\lambda_{z_o} \in \mathfrak{M}$. Für $g \in P(X)$ mit $\hat{g}(\lambda_{z_o}) = 0$, existiert eine Folge $\{P_n\}$ von Polynomen die gegen g konvergiert mit

$$P_n(z_o) = \int P_n \lambda_{z_o} = 0.$$

Da $\sigma \in P(X)^\perp$, folgt

$$\int P_n \cdot \frac{\sigma}{z - z_o} = 0, \text{ alle n und so}$$

(30) $$\int g \cdot \frac{\sigma}{z - z_o} = 0.$$

Nun ist σ vollständig singulär, also insbesondere singulär in Bezug auf λ_{z_o}. Das selbe gilt von $\frac{\sigma}{z-z_o}$. Nach (30) folgt aus Korollar 3 zu Satz 1, dass $\int \frac{\sigma}{z-z_o} = 0$.

Falls $z_o \notin Y$, ist ebenfalls $\int \frac{\sigma}{z-z_o} = 0$, und zwar aus folgendem Grund: die Funktion

$$S(\zeta) = \int \frac{\sigma(z)}{z - \zeta}$$

ist analytisch in Y', und verschwindet für genügend grosses $|\zeta|$, denn dann gilt:

$$\frac{1}{z-\zeta} = - \sum_{\nu=0}^{\infty} \frac{z^\nu}{\zeta^{\nu+1}} \in P(X).$$

Also verschwindet S identisch in Y', insbesondere in z_o.

Wir haben also gezeigt, dass wo immer $\int \frac{|\sigma|}{|z-z_o|} < \infty$, auch $\int \frac{\sigma}{z-z_o} = 0$. Nach Lemma 6 folgt nun $\sigma = 0$. w.z.b.w.

<u>Korollar:</u> <u>Es sei $\mu \in P(X)^\perp$. Dann existiert eine höchstens abzählbar unendliche Menge $\{z_n\} \in Y$, und für jedes n, $k_n \in H_o^1(\lambda_{z_n})$ mit</u>

(31) $$\mu = \sum_{n=1}^{\infty} k_n \cdot \lambda_{z_n}.$$

<u>Beweis:</u> Die Behauptung folgt sofort aus den Sätzen 3 und 5.

§ 6. Der Satz von Mergelyan.

Im Jahre 1951 gelang S.N. Mergelyan die vollständige Lösung des folgenden Problemes:

Es sei Y eine kompakte Menge in der z-Ebene mit zusammenhängenden Komplement Y'. Welche Funktionen auf Y lassen sich gleichmässig durch Polynome approximieren? Seine Antwort lautet:

<u>Satz 6</u>: <u>Jede auf Y stetige, auf dem Innern von Y analytische, Funktion kann gleichmässig auf Y durch Polynome approximiert werden.</u>

Der Mergelyansche Beweis ist enthalten in "<u>Uniform approximations to functions of a complex variable</u>", Amer.Math.Soc. Transl. 101 (1954). In der Einleitung zu dieser Arbeit gibt Mergelyan einen Bericht über die historische Entwicklung, die Satz 6 vorausgegangen ist.

Wir wollen jetzt zeigen, wie man Satz 6 aus dem Korollar zu Satz 5 herleiten kann.

<u>Beweis von Satz 6:</u> Wir bezeichnen mit A_1 die Menge aller stetigen Funktionen auf dem Rand X von Y, die sich so auf ganz Y fortsetzen lassen, dass sie im Innern von Y analytisch sind. A_1 genügt nun (1),(2),(3), und da $P(X) \subseteq A_1$, auch (4). Also ist A_1 Dirichletsche Algebra auf X. Wir behaupten $A_1 = P(X)$.

Es sei a ein Punkt von Y. Die Abbildung: $f \to f(a)$ ist dann ein Homomorphismus von A_1 auf $\mathbb{C}$, und so existiert, genau so wie früher für $P(X)$, ein $\lambda_a^1 \in \mathfrak{M}(A_1)$ mit

(32) $\qquad f(a) = \int f \lambda_a^1$, alle $f \in A_1$.

Da $P(X) \subseteq A_1$, folgt aus der Eindeutigkeit von λ_a, dass $\lambda_a = \lambda_a^1$. Ausserdem folgt, dass $H_o^1(\lambda_a) \subseteq H_o^1(\lambda_a^1)$, wobei letzteres relativ zu A_1 genommen ist.

Es sei nun $\mu \in P(X)^\perp$. Nach (31) gilt

$$\mu = \sum_{n=1}^{\infty} k_n \lambda_{z_n}, \quad z_n \in Y, \quad k_n \in H_o^1(\lambda_{z_n}).$$

Für jedes n ist $\lambda_{z_n} = \lambda_{z_n}^1$ und $k_n \in H_o^1(\lambda_{z_n}^1)$. Es folgt, dass $k_n \lambda_{z_n} \in A_1^\perp$. Also $\mu \in A_1^\perp$.

Daher gilt $P(X) = A_1$, wie behauptet. Falls nun eine Funktion F auf Y stetig und im Innern von Y analytisch ist, so gehört die Randfunktion von F auf X zu A_1, also zu $P(X)$. Daher existiert eine Folge $\{P_n\}$ von Polynomen die gegen F auf X konvergiert. Wegen dem Maximumprinzip konvergiert dann P_n gegen F auf ganz Y. Damit ist Satz 6 bewiesen.

§ 7. Die Klassen für P(X).

In § 4 haben wir die Zerlegung von $\mathcal{M}$ in Klassen durch die Relation $\sim$ beschrieben. Es seien jetzt Y, X, P(X) wie früher definiert. Dann gilt:

<u>Satz 7:</u> <u>Sei P eine Klasse in</u> $\mathcal{M}(P(X))$. <u>Dann existiert entweder ein x in X so dass</u> $P = \{\lambda_x\}$, <u>oder es existiert eine Komponente</u> Ω <u>des Innern von Y so dass</u> $P = \{\lambda_a \mid a \in \Omega\}$.

Für den Beweis benötigen wir einige allgemeine Eigenschaften von Dirichletschen Algebren, die wir jetzt zitieren, aber nicht beweisen werden.

Es sei X ein beliebiger kompakter Raum, A eine Dirichletsche Algebra auf X, $\mathcal{M} = \mathcal{M}(A)$. Wir setzen $\|f\| = \max\limits_{x \in X} |f(x)|$. Es seien $\lambda_1, \lambda_2 \in \mathcal{M}$.

<u>Lemma 7:</u> <u>Falls es ein</u> $K < 2$ <u>gibt mit</u>

(33) $\quad |\hat{f}(\lambda_1) - \hat{f}(\lambda_2)| \leq K$, <u>alle</u> $f \in A$ <u>mit</u> $\|f\| \leq 1$,

<u>dann gilt</u> $\lambda_1 \sim \lambda_2$.

<u>Lemma 8:</u> <u>Es sei P eine Klasse in</u> $\mathcal{M}$, $\lambda \in P$, <u>aber</u> $P \neq \{\lambda\}$.

<u>Dann existiert</u> $E_o \in H^2(\lambda)$ <u>so dass:</u>

(34) $\quad |E_o| = 1$ f.ü.- dλ.

<u>Für</u> $\beta \in P$ <u>setzen wir</u> $E_o(\beta) = \int E_o \beta$.

(35) $\quad$ <u>Die Abbildung:</u> $\beta \to E_o(\beta)$ <u>bildet P eineindeutig auf die Kreisscheibe:</u> $|z| < 1$ <u>ab.</u>

(36)   Für jedes $f \in A$ existiert f^* analytisch in $|z|<1$, so dass $\hat{f}(\beta) = f^*(E_0(\beta))$, alle $\beta \in P$.

Wir gehen jetzt zurück zum Spezialfall: $A = P(X)$. Wie wir gezeigt haben, ist hier jedes $\lambda \in \mathfrak{M}$ von der Form: $\lambda = \lambda_a$ für ein $a \in Y$.

Es sei P eine Klasse von $\mathfrak{M}$ die mehr als ein Element enthält. Wir setzen:

(37) $\overline{P} = \{a \in Y \mid \lambda_a \in P\}$.

Dann liegt $\overline{P}$ im Innern von Y. Denn für $a \in X$ bildet $\{\lambda_a\}$ schon für sich allein eine Klasse.

Wir wählen $\lambda = \lambda_{a_0} \in P$. Nach Lemma 8 existiert dann ein $E_0 \in H^2(\lambda)$, welches (34), (35), (36) genügt. Wir setzen:

(38) $\Phi(a) = E_0(\lambda_a)$, alle $a \in \overline{P}$.

Φ ist somit eine Abbildung von $\overline{P}$ auf $|z|<1$; sie ist eineindeutig nach (35).

Die Funktion $f(z) = z$ gehört zu $P(X)$. Nach (36) existiert f^* analytisch in $|z|<1$ so, dass $a = f^*(\Phi(a))$, alle $a \in \overline{P}$. Daher ist f^* eine konforme Abbildung von $|z|<1$ auf $\overline{P}$. Es folgt, dass $\overline{P}$ zusammenhängend ist. Auch folgt, dass Φ eine konforme Abbildung von $\overline{P}$ auf $|z|<1$ liefert, denn $\Phi = (f^*)^{-1}$.

Es sei Ω diejenige Komponente des Innern von Y, welche $\overline{P}$ enthält, und $b \in \Omega$. Für $f \in P(X)$ ist nun $\hat{f}(\lambda_z)$ eine analytische Funktion von z in Ω, und $\|f\| \leq 1$ hat zur Folge, dass $|\hat{f}(\lambda_z)| \leq 1$ auf Ω. Daher existiert $K_b < 2$ so dass:

$|\hat{f}(\lambda_{a_o}) - \hat{f}(\lambda_b)| \leq K_b$, alle $f \in P(X)$ mit $\|f\| \leq 1$. (Sonst würde man einen Widerspruch erhalten, unter Verwendung der Tatsache, dass die Menge aller analytischen Funktionen F in Ω, mit $|F| \leq 1$ eine normale Familie bildet.) Nach Lemma 7 folgt, dass $\lambda_b \sim \lambda_{a_o}$. Also $\lambda_b \in P$, oder $b \in \overline{P}$. Daher gilt $\Omega = \overline{P}$, oder

$$P = \{\lambda_a | a \in \Omega\}.$$

Besteht andrerseits die Klasse P aus einem einzigen Element, so kann $\overline{P}$ keine inneren Punkte von Y enthalten; denn, falls a und b innere Punkte derselben Komponente sind, so gilt - wie gerade gezeigt wurde - $\lambda_a \sim \lambda_b$. Also liegt $\overline{P}$ in X. Da aber λ_x für jedes $x \in X$ für sich eine Klasse bildet, folgt $P = \{\lambda_x\}$ für $x \in X$. Damit ist Satz 7 bewiesen.

<u>Bemerkung:</u> Im folgenden Paragraphen werden wir zwei Eigenschaften von $H^\infty(\lambda)$ benützen: 1) $H^\infty(\lambda)$ ist ein Ring. Das folgt direkt aus der Definition 8. 2) Für $f, g \in H^\infty(\lambda)$ und $\lambda_1 \sim \lambda$ gilt

(39) $\qquad \int f \cdot g \, \lambda_1 = \int f \, \lambda_1 \cdot \int g \, \lambda_1.$

Denn nach Lemma 5 existiert $\{f_n\}, \{g_n\} \in A$, $f_n \to f$ f.ü.- $d\lambda$, $g_n \to g$ f.ü.- $d\lambda$, und $|f_n| \leq K$, $|g_n| \leq K$, alle n, K konstant. Daher gilt

$\int f \cdot g \, \lambda_1 = \lim_n \int f_n \cdot g_n \, \lambda_1 = \lim_n \int f_n \lambda_1 \cdot \int g_n \lambda_1 = \int f \lambda_1 \cdot \int g \lambda_1,$

wie behauptet.

§ 8. Beschränkte analytische Funktionen.

Es haben $Y, X, P(X)$ die bisherige Bedeutung. Sei Ω eine Komponente des Innern von Y, und $a_o \in \Omega$. Wir setzen $\lambda = \lambda_{a_o}$.

<u>Satz 8:</u> <u>Sei Ψ eine analytische Funktion auf Ω mit $|\Psi| \leq 1$.</u>
<u>Dann existiert ein $\psi \in H^\infty(\lambda)$ mit $|\psi| \leq 1$ so, dass</u>

(40) $\quad \Psi(a) = \int \psi \lambda_a$, <u>alle</u> $a \in \Omega$.

Die Klasse P, welche λ enthält, fällt nach Satz 7 zusammen mit $\{\lambda_a \mid a \in \Omega\}$. Wir nehmen nun $E_o \in H^2(\lambda)$ wie im letzten Paragraphen. Da $|E_o| = 1$ f.ü.- dλ, ist $E_o \in H^\infty(\lambda)$.

Es sei Φ die in (38) definierte Abbildung, die nun eine konforme Abbildung von Ω auf $|z| < 1$ liefert.

Es existiert eine analytische Funktion G in $|z| < 1$ mit $\Psi = G(\Phi)$. Offenbar gilt $|G| \leq 1$ in $|z| < 1$. Nach bekannten Eigenschaften der in $|z| < 1$ analytischen Funktionen existiert eine Folge $\{Q_n\}$ von Polynomen, mit $|Q_n| \leq 1$ in $|z| \leq 1$ und $Q_n(z) \to G(z)$, alle z in $|z| < 1$.

Nun ist $H^\infty(\lambda)$ ein Ring. Also $Q_n(E_o) \in H^\infty(\lambda)$ für alle n. Auch gilt $\|Q_n(E_o)\| \leq 1$, alle n, wobei die Norm in $L^\infty(\lambda)$ genommen ist. Daher existiert eine Teilfolge $g_\nu = Q_{n_\nu}(E_o)$ die gegen ein $\psi \in L^\infty(\lambda)$ konvergiert in der schwachen Topologie von $L^\infty(\lambda)$ in Bezug auf $L^1(\lambda)$. Dabei ist $\|\psi\| \leq 1$.

Für $f \in P(X)$, $\hat{f}(\lambda) = 0$, gilt

$$\int f \psi \lambda = \lim_\nu \int f \cdot g_\nu \lambda = \lim_\nu \int f \lambda \cdot \int g_\nu \lambda = 0.$$

Es folgt, dass $\psi \perp \bar{H}_o^2(\lambda)$ in $L^2(\lambda)$. Daher $\psi \in H^2(\lambda)$, und somit $\psi \in H^\infty(\lambda)$. Wegen (39) gilt für $a \in \Omega$

(41) $\quad Q_n(\Phi(a)) = Q_n(E_o(\lambda_a)) = \int Q_n(E_o) \lambda_a$.

Da $\lambda_a \sim \lambda$, existiert $K_a \in L^1(\lambda)$ mit $\lambda_a = K_a \lambda$. Für $\nu \to \infty$ gilt daher

$$\int Q_{n_\nu}(E_o) \lambda_a \to \int \psi \lambda_a.$$

Andrerseits ist $\lim_n Q_n(\Phi(a)) = G(\Phi(a)) = \Psi(a)$. Aus (41) folgt somit

$$\Psi(a) = \int \psi \lambda_a.$$

Da wir schon wissen, dass $\psi \in H^\infty(\lambda)$ und $\|\psi\| \leq 1$, ist unser Satz bewiesen.

<u>Korollar:</u> <u>Es sei Ψ eine analytische Funktion auf Ω mit $|\Psi| \leq 1$. Dann existiert eine Folge $\{P_n\}$ von Polynomen so, dass:</u>

(i) $\quad |P_n| \leq 1$ <u>auf</u> Ω.

(ii) $\quad P_n(z) \to \Psi(z)$, <u>alle</u> $z \in \Omega$.

<u>Beweis:</u> Wie gerade gezeigt wurde existiert $\psi \in H^\infty(\lambda), |\psi| \leq 1$, so dass in Ω:

$$\Psi(z) = \int \psi \lambda_z.$$

Nach Lemma 5 existiert eine Folge $\{h_\nu\} \in P(X)$ mit $|h_\nu| \leq 1$, $h_\nu \to \psi$ f.ü.-$d\lambda$, und daher $h_\nu \to \psi$ f.ü.-$d\lambda_z$, jedes $z \in \Omega$. Wir wählen für jedes ν ein Polynom H_ν mit $|H_\nu - h_\nu| \leq \frac{1}{\nu}$ auf Y. Daher gilt $|H_\nu| \leq 1 + \frac{1}{\nu}$. Dann setzen wir $P_\nu = (1+\frac{1}{\nu})^{-1} \cdot H_\nu$.

Also ist P_ν ein Polynom mit $|P_\nu| \leq 1$ auf Y, und somit auf Ω, und für $z \in \Omega$ gilt:

$$\lim_\nu P_\nu(z) = \lim_\nu H_\nu(z) = \lim_\nu h_\nu(z) = \lim_\nu \int h_\nu \lambda_z$$

$$= \int \psi \lambda_z = \Psi(z). \quad \text{w.z.b.w.}$$

§ 9. Literatur.

Dirichletsche Algebren wurden 1957 von A. Gleason definiert, und zwar in "Function Algebras", Seminars on Analytic Functions, Inst. for Adv. Study, Princeton, New Jersey. Dort wurden auch die in § 4 definierten Klassen eingeführt.

Eine ähnliche Definition wurde von S. Bochner in "Generalized conjugate and analytic functions without expansions", Proc.Nat.Acad.Sci. U.S.A., 45, No. 6 (1959) gegeben.

Die Darstellung von Homomorphismen durch multiplikative Masse wurde von R. Arens und I.M. Singer in "Function Values as boundary integrals", Proc.Amer.Math.Soc. 5 (1954) gegeben.

Satz 1 wurde für gewisse Dirichletsche Algebren, von H. Helson und D. Lowdenslager in "Prediction Theory and Fourier series in several variables", Acta Math. 99 (1958) bewiesen. Es war zum grossen Teil diese Arbeit, welche die spätere Entwicklung der Theorie der Dirichletschen Algebren angeregt hat.

Lemma 3 stammt von F. Forelli, "Analytic Measures", Pac.Jour. of Math., Vol. 13, No. 2 (1963). Forelli hat dieses Lemma angewendet, um einen neuen Beweis von Satz 1 zu geben. Unsere Beweise von Lemma 3 und Satz 1 sind von K. Hoffman angegebene Vereinfachungen des Beweises von Forelli. Korollar 2 stammt im wesentlichen von Gleason, loc.cit., und einer Bemerkung von E. Bishop. Unser Beweis stammt - glaube ich - von Forelli. Korollar 3 ist in Helson und Lowdenslager, loc.cit., enthalten.

Satz 2 steht in der Arbeit von K. Hoffman, "Analytic Functions and Logmodular Banach Algebras", Acta Math., Vol. 108 (1962). In dieser Arbeit ist eine ausführliche Entwicklung der

Theorie der Dirichletschen Algebren (in verallgemeinerter Form) zu finden. Lemma 5 und der Beweis des Satzes 2 auf Grund von Lemma 5 sind von K. Hoffman und dem Verfasser gegeben worden (unpubliziert).

Satz 3 ist enthalten in "Measures Orthogonal to Dirichlet Algebras", Duke Math.Jour., Vol. 30, No. 4, (1963), von I. Glicksberg und dem Verfasser.

Die Ideen in Paragraphen 5 und 6 gehen zurück auf folgende Arbeiten von E. Bishop: "A minimal boundary for function algebras", Pacific J.Math. 9, No. 3 (1959), "The structure of certain measures", Duke Math.J. 25 (1958), und "Boundary measures of analytic differentials", Duke Math.J. 27 (1960). In der zuletzt genannten Arbeit findet man eine der Formel (31) ähnliche Beziehung.

Der hier gegebene Beweis des Satzes von Mergelyan auf Grund der Sätze 3 und 5 ist im wesentlichen enthalten in der oben zitierten Arbeit von I. Glicksberg und dem Verfasser.

Formel (29) und Lemma 6 findet man in Bishop's Arbeit "A minimal boundary ....". Formel (29) ist von Mergelyan bei dem Beweis seines Satzes verwendet worden.

Lemma 7 stammt von A. Gleason, loc.cit., und Lemma 8 wurde vom Verfasser in der Arbeit "Dirichlet Algebras", Duke Math.J. 27 (1960), bewiesen.

Das Korollar von Satz 8 ist ein Spezialfall eines von L. Rubel und A. Shields stammenden Satzes. Siehe "Bounded approximation by polynomials", Bull.Amer.Math.Soc., Vol. 69, No. 4 (1963). Satz 8 ist von K. Hoffman bewiesen worden (unpubliziert).

MIX
Papier aus verantwortungsvollen Quellen
Paper from responsible sources
FSC® C105338

If you have any concerns about our products,
you can contact us on
ProductSafety@springernature.com

In case Publisher is established outside the EU,
the EU authorized representative is:
**Springer Nature Customer Service Center GmbH
Europaplatz 3, 69115 Heidelberg, Germany**

Printed by Libri Plureos GmbH
in Hamburg, Germany